新锐设计师的最新力作

客厅设计广场

Sitting Room Design Square

欧式客厅

《客厅设计广场》编写组/编

机械工业出版社
CHINA MACHINE PRESS

客厅是家庭聚会、休闲的重要场所，是最能体现居室主人个性的居室空间，也是访客停留时间最长、关注度最高的区域，因此，客厅装饰装修是现代家庭装饰装修的重中之重。为顺应家装市场对客厅装修的整体设计、材料选择、装修细节及注意事项上的图书需求，《客厅设计广场》应运而生。

本系列图书分为现代客厅、中式客厅、欧式客厅、雅致客厅和经济客厅五类，根据不同的装修风格对客厅整体设计进行了展示。本系列图书共精选2000个客厅装修经典案例，图片信息量大，这些案例图集均选自国内知名家装设计公司所倾情推荐给业主的客厅设计方案，全方位呈现了这些项目独特的设计思想和设计要素，为客厅设计理念提供了全新的灵感。本系列图书针对每个方案均标注出该设计所用的主要材料，使得读者对装修主材的装饰效果有了更直观的视觉感受。针对客厅装修中读者最为关心的问题，作者从整体设计、精心选材、标准施工等方面进行了归纳，有针对性地配备了大量通俗易懂的实用小贴士。

图书在版编目（CIP）数据

客厅设计广场. 欧式客厅 / 《客厅设计广场》编写组编.
— 北京 ：机械工业出版社，2013.5（2014.4 重印）
ISBN 978-7-111-42419-2

Ⅰ. ①客… Ⅱ. ①客… Ⅲ. ①客厅－室内装饰设计－图集 Ⅳ. ①TU241-64

中国版本图书馆CIP数据核字（2013）第093905号

机械工业出版社（北京市百万庄大街22号 邮政编码 100037）
策划编辑：宋晓磊　　　　责任编辑：宋晓磊
责任印制：乔　宇
北京汇林印务有限公司印刷

2014年4月第1版第2次印刷
210mm×285mm · 6印张 · 150千字
标准书号：ISBN 978-7-111-42419-2
定价：29.80元

凡购本书，如有缺页、倒页、脱页，由本社发行部调换

电话服务	网络服务
社服务中心：（010）88361066	教材网：http://www.cmpedu.com
销售一部：（010）68326294	机工官网：http://www.cmpbook.com
销售二部：（010）88379649	机工官博：http://weibo.com/cmp1952
读者购书热线：（010）88379203	**封面无防伪标均为盗版**

Contents

目录

什么是欧式装修风格

欧式装修风格其实就是借用大量的古典建筑的元素，来获得与欧洲生活相似的特点。此风格继承了巴洛克风格中豪华、动感、多变的视觉效果，也吸取了洛可可风格中唯美、律动的细节处理元素，受到上层人士的青睐。古典奢华风格的欧式装修是欧式装修的精髓，主要采用名贵的柚木、桃花心木、沙比利木、樱桃木等来制造室内木艺和家具。灯具上多采用名贵的全铜吊灯或者水晶灯， 采用进口壁纸或壁布装饰墙面。地板一般采用名贵大理石或花岗石，卧室一般采用地毯。在家具的选用上，名贵的全实木家具是首选。大量使用罗马柱、浮雕，采用彩绘描金等奢侈装饰工艺。富丽堂皇，金碧辉煌是欧式古典装修的主要特征。

印花壁纸

绯红色亚光墙砖

强化复合木地板

雕花银镜

深咖啡色网纹大理石

车边银镜

密度板雕花

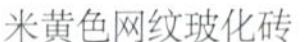

米黄色网纹玻化砖

胡桃木饰面板

米色玻化砖

装饰茶镜

装饰硬包

印花壁纸

仿古砖

装饰银镜

皮革软包

米色玻化砖

深咖啡色网纹大理石

密度板雕花

深咖啡色网纹大理石

密度板雕花贴茶镜

米黄色网纹大理石

车边茶镜

欧式客厅装修有什么特点

欧式装修强调以华丽的装饰、浓烈的色彩、精美的造型来达到雍容华贵的装饰效果。欧式客厅顶部喜用大型灯池，并用华丽的枝形吊灯营造气氛。门窗上半部多做成圆弧形，并用带有花纹的石膏线勾边。入厅口处多竖起两根豪华的罗马柱，室内则有真正的壁炉或假的壁炉造型。墙面选用壁纸，或选用优质乳胶漆，以烘托豪华效果。地面材料以石材或地板为佳。欧式客厅非常需要用家具和软装饰来营造整体效果。深色的橡木或枫木家具，色彩鲜艳的布艺沙发，都是欧式客厅里的主角。还有浪漫的罗马帘，精美的油画，制作精良的雕塑工艺品，都是点染欧式风格不可缺少的元素。但需要注意的是，这类风格的装修，在面积较大的房间内才会达到更好的效果。

中花白大理石

绯红网纹大理石

中花白大理石

砂岩浮雕

白色玻化砖

水曲柳饰面板

印花壁纸

米黄色网纹亚光玻化砖

陶瓷锦砖

木纹大理石

装饰硬包

镜面陶瓷锦砖

密度板雕花贴灰镜

米黄色网纹大理石

强化复合木地板

车边银镜

米色网纹大理石

仿古墙砖

密度板雕花

车边银镜

黑色烤漆玻璃

浅咖啡色网纹大理石

米白色玻化砖

皮革软包

木纹大理石

手工绣制地毯

白色人造大理石

强化复合木地板

黑色烤漆玻璃

木装饰线混油

密度板雕花贴银镜

白枫木装饰线

泰柚木地板

米黄色玻化砖

车边灰镜

中花白大理石

欧式客厅装饰有哪些技巧

配色：欧式风格的底色大多采用白色、淡色为主，家具选择白色或深色都可以，讲究系列、风格统一。

壁纸：可以选择一些比较有特色的壁纸装饰房间，比如画有圣经故事以及人物等内容的壁纸就是很典型的欧式风格。

灯具：可以是一些外形线条柔和或者光线柔和的灯，像铁艺枝灯是不错的选择。

家具：与硬装修上的欧式细节应相称，宜选择深色、带有西方复古图案以及西化的造型家具。

地板：如果是复式的空间，一楼大厅的地板可以采用石材进行铺设，这样会显得大气。如果是普通居室，客厅最好铺设木质地板。

地毯：地毯的舒适脚感和典雅的独特质地与西式家具的搭配相得益彰。最好选择图案和色彩相对淡雅的地毯，过于花哨的地面会与欧式古典的宁静、和谐相冲突。

（欧风）装饰画：欧式风格装修的房间应选用线条繁琐，看上去比较厚重的画框，也不排斥描金、雕花工艺。

印花壁纸

白色玻化砖

密度板拓缝

印花壁纸

白枫木饰面板

米白色玻化砖

米黄色木纹大理石

仿古砖

中花白大理石

红樱桃木地板

木纹玻化砖

米黄色网纹大理石

布艺软包

印花壁纸

中花白大理石

陶瓷锦砖

浅咖啡色网纹大理石

印花壁纸

米黄色玻化砖

木纹大理石

羊毛地毯

米白色玻化砖

雕花银镜

印花壁纸

米黄色大理石

泰柚木饰面板

镜面陶瓷锦砖

浅咖啡色网纹玻化砖

木纹大理石

中花白大理石

装饰灰镜

仿古砖

车边银镜

浅咖啡色网纹大理石

白枫木装饰线

墙面涂料施工有哪几种方式

滚涂：使用滚筒施工，为毛面效果，效果近似于壁纸。所谓的拉毛、毛面、滚花、肌理质感都是指这一类效果。家装工程推荐使用短毛滚筒，施工时比较容易操作，花纹也比较浅，日常容易打理。建议在大面积施工前，先在门后墙上等不显眼的地方试涂，确认自己所要求的效果。

刷涂：采用毛刷施工，为平面效果，但毛刷会留下刷痕。家装工程一般使用羊毛刷，羊毛刷比较柔软，能够减轻刷痕。

喷涂：采用喷枪施工，表面平整光滑，手感极好，丰满度好，可制造最好的平面效果。分为有气喷与无气喷两种，按要求施工的最终效果是相同的，但有气喷涂的漆膜要薄一些(一次20微米)，需要喷涂几遍才能达到比较好的效果；而无气喷涂的漆膜要厚很多(一次就可以达到60微米)，一次就可以满足施工厚度要求。

仿古砖

陶瓷锦砖

浅米色网纹大理石

密度板树干造型

灰白色洞石

印花壁纸

米白色洞石

仿古砖

红砖饰面

强化复合木地板

混纺地毯

密度板雕花贴清玻璃

实木地板

中花白大理石

白色玻化砖

雕花银镜

浅咖啡色网纹大理石

白枫木装饰线

印花壁纸

米黄色亚光玻化砖

中花白大理石

车边银镜

米白色网纹玻化砖

车边灰镜

黑镜装饰线

石膏板拓缝

泰柚木装饰线

泰柚木饰面板

米黄色网纹大理石

印花壁纸

陶瓷锦砖

灰白色网纹釉面砖

银镜装饰线

米黄色玻化砖

米黄色洞石

如何计算墙面漆用量

墙面刷漆施工面积计算公式：墙漆施工面积=(建筑面积×80%－10)×3，建筑面积就是购房面积，现在的实际利用率一般在80%左右。

用漆量：按照标准施工程序的要求，底漆的厚度为30微米，5升底漆的施工面积一般在65～70m²；面漆的推荐厚度为6～70微米，5升面漆的施工面积一般在30～50 m²。底漆用量=施工面积÷70；面漆用量=施工面积÷35。

装修时，油漆工一般是按平方米收费的。需要注意的是，不管是装饰公司还是油漆工，在刷墙漆时，门、窗面积一般不会去除，反而因为刷门、窗边墙时技术难度较高而另有收费，但收费标准并不统一，建议业主在刷墙面漆时要和施工队谈好价钱，以免事后引起纷争。

泰柚木饰面板

镜面陶瓷锦砖

白桦木饰面板

仿古砖

白枫木格栅

车边银镜

雕花茶镜

浅咖啡色网纹玻化砖

皮革软包

印花壁纸

布艺软包

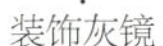

装饰灰镜

仿古砖墙砖

红樱桃木装饰线

浅米色网纹大理石

水曲柳饰面板

车边银镜装饰线

陶瓷锦砖

装饰硬包

米白色玻化砖

装饰茶镜

米黄色网纹大理石

仿古砖

印花壁纸

浅米色亚光玻化砖

条纹壁纸

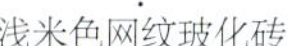

浅米色网纹玻化砖

银镜装饰线

装饰硬包

米色网纹大理石

米黄色玻化砖 装饰硬包

羊毛地毯

陶瓷锦砖

米黄色网纹大理石

仿古砖

客厅墙面乳胶漆施工应注意哪些问题

客厅墙面乳胶漆施工时，墙上所批腻子应该由特白老粉、白水泥、水、化学浆糊、801建筑胶水所调配而成。调配时，应先用少量水将白水泥化开，再依次放入适量的801胶水，化学浆糊、老粉，搅拌到适当浓度为止。质量要求一要平，二要光，不能有毛细孔。检验时可以用一支灯泡，从墙的四角照着观测，刷得是否平整，一目了然。腻子批好以后，待完全干燥，涂刷上与选购乳胶漆配套的封墙底漆，然后再涂刷面漆。底漆和面漆都可以调得稍微稀一点，以免留下刷痕。每遍漆都要待其干透，方可再涂第二遍。另外，如果同时有油漆施工，应该在老粉批好以后，等油漆全部完工，再涂刷乳胶漆，以免因油漆挥发出的甲苯将乳胶漆熏黄，造成不必要的损失。

中花白大理石

密度板雕花贴银镜

车边茶镜

白枫木装饰线

布艺软包

仿古砖

车边银镜
铁锈黄大理石

陶瓷锦砖
有色乳胶漆

文化石贴面

木纹大理石

米色网纹玻化砖

印花壁纸

密度板肌理造型

皮革软包

米色网纹大理石

印花壁纸

米黄色网纹玻化砖

印花壁纸

胡桃木地板

黑色烤漆玻璃

印花壁纸

仿古砖

镜面陶瓷锦砖

密度板雕花贴银镜

陶瓷锦砖

茶镜装饰线

红樱桃木饰面板

强化复合木地板

车边银镜
木纹大理石

装饰硬包

装饰茶镜

白桦木饰面板

墙面涂刷乳胶漆时如何做好基层处理

在涂刷乳胶漆之前，如果对墙壁基层处理不彻底，留有灰尘、油污等，就会造成乳胶漆脱落、变色等问题；如果潮湿的墙面事先没有用清漆封底，会导致水汽外渗，漆皮出现水印、脱落。

墙面基层处理是施工的第一步，也是直接影响到后面各环节的关键步骤。在对墙壁进行涂饰之前，应先查看墙面有没有大的洞需要补平，再将装修表面上的灰块、浮渣等杂物用铲刀铲除，如表面有油污，应用清洗剂和清水洗净，干燥后再用棕刷将表面灰尘清扫干净；表面清扫后，用水与界面剂（配合比为10∶1）的稀释液滚刷一遍，再用底层石膏或嵌缝石膏将底层不平处填补好，石膏干透后，局部需贴牛皮纸或专用墙布进行防裂处理，干透后进行下一步施工。

装饰硬包

白色人造大理石

中花白大理石

泰柚木踢脚线

混纺地毯

强化复合木地板

黑白根大理石　米白色洞石

装饰茶镜

深咖啡色网纹大理石

白色玻化砖

黑白根大理石

仿文化砖壁纸

印花壁纸

实木地板

中花白大理石

木纹壁纸

石膏板肌理造型

泰柚木地板

印花壁纸

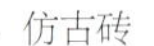

仿古砖

仿古砖

印花壁纸

布艺软包

泰柚木饰面垭口

车边茶镜

装饰硬包

米色网纹大理石

银镜装饰线

中花白大理石

绯红网纹玻化砖

米黄色网纹大理石

车边银镜

深咖啡色网纹大理石

墙面粉刷涂料前如何处理墙面

新房子的墙面一般只需要用粗砂纸打磨，不需要把原漆层铲除。新墙面一定要干燥，表面水分应低于10%，可以使用腻子将墙面批平。为了使漆膜牢固平滑，保色耐久，需使用水性或油性封墙底漆打底。

普通旧房子的墙面一般需要把原漆面铲除。其方法是用水先把表层喷湿，然后用泥刀或者电刨机把其表层漆面铲除。

对于年久失修的旧墙面，表面已经有严重漆面脱落，批烫层呈粉沙化的，需要把漆层和整个批烫层铲除，直至见到水泥批烫层或者砖层，然后用双飞粉和熟胶粉调拌打底批平，再涂饰乳胶漆。

面层需涂2~3遍，每遍之间的间隔时间以24小时为佳。需要注意的是，很多工业涂料都有或多或少的毒性，施工时要注意通风，施工一周后方能入住，以免危害人体的健康。

装饰银镜

米黄色大理石

手工绣制地毯

米色网纹大理石

木纹大理石

密度板雕花

雕花烤漆玻璃

白色乳胶漆

米黄色大理石装饰线

胡桃木饰面板

雕花灰镜

印花壁纸

手工绣制地毯

布艺软包

密度板雕花贴清玻璃

木纹大理石

强化复合木地板

装饰茶镜

米白色玻化砖

白色玻化砖

米黄色云纹大理石

装饰银镜

泰柚木饰面板

如何处理墙面涂料的涂层凸起

墙面涂料的涂层凸起，大多是使用水溶性涂料时，墙体内部的水分尚未干透而继续从墙内挥发到表面所致。因此，装修新屋的用户，一定要待墙内水分完全蒸发之后再刷。倘若在涂饰过程中出现了凸起现象，可将鼓泡部位刮除，再刷漆。

灰白网纹玻化砖

白色玻化砖

中花白大理石

白色玻化砖

米黄色亚光玻化砖

灰白色洞石

印花壁纸

陶瓷锦砖

仿古砖

深咖啡色网纹大理石

米白色玻化砖

印花壁纸

米色玻化砖

胡桃木踢脚线

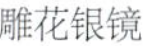

雕花银镜

车边银镜

印花壁纸

绯红网纹大理石

中花白大理石

雕花钢化玻璃

中花白大理石

仿古砖

陶瓷锦砖

胡桃木饰面板

如何处理墙面涂层开裂、脱落

涂层早期若出现像头发丝一样的裂纹，在后期就会出现片状剥落，这大多是因为使用了附着力和柔韧性很差的涂料或者过分稀释、覆盖涂料，墙面或基层表面预处理不充分，涂膜老化后过度硬化和脆化等。

解决方法：应用刮刀或钢丝刷除去已松动和剥落的涂料，打磨表面并修边。如果剥落发生在多道涂层上，必要时使用耐水腻子，在重涂前要先上封闭底漆。使用优质的底漆和面漆能防止这类问题的复发，不要用水过度稀释涂料。

皮革软包

仿古砖

雕花烤漆玻璃

创意造型隔断

中花白大理石

车边银镜

泰柚木装饰线

实木地板

银镜吊顶

雕花清玻璃

水曲柳饰面板

雕花灰镜

米白色玻化砖

印花壁纸

米黄色大理石

白枫木饰面板

米黄色洞石

印花壁纸

木纹大理石

肌理壁纸

米色网纹玻化砖

中花白大理石

装饰灰镜

装饰银镜

印花壁纸

如何处理墙面涂层起皱

涂层起皱的原因有以下几种：涂料涂刷时一次涂得太厚，漆膜表面变得粗糙、有皱纹；在非常热或湿冷的天气里涂刷，导致漆膜表层的干燥速度比底层快，将未固化的涂膜暴露在过度潮湿的环境中；或者是在被污染的表面上涂刷(如有灰尘或油状物)。

解决方法是应刮除或打磨基材表面，以除去起皱的涂层。如果涂上了底漆，在涂面漆前要确保底漆完全干燥。重新涂刷时，应避免极端的温度和湿度，均匀地涂刷一层优质的内墙涂料。

皮革软包　木纹大理石

米色釉面砖

米黄色大理石

印花壁纸

车边银镜

印花壁纸

陶瓷锦砖

不锈钢条

红砖饰面

仿古砖

密度板雕花

米黄色网纹大理石

密度板雕花贴茶镜

米色网纹大理石

仿古砖

印花壁纸

木纹釉面砖

装饰银镜

浅米色玻化砖

榉木饰面板

装饰硬包

仿古砖

车边灰镜

印花壁纸

白枫木饰面板

米黄色大理石

雕花银镜

车边银镜

仿古砖

印花壁纸

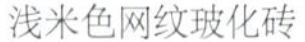

浅米色网纹玻化砖

装饰灰镜

条纹壁纸

浅米色玻化砖

如何估算墙面壁纸用量

购买壁纸之前，要估算一下用量，以便一次性买足同批号的壁纸，减少不必要的麻烦，也避免浪费。壁纸的用量用下面的公式计算：

壁纸用量(卷)=房间周长×房间高度×(100+K)/每卷面积，K为壁纸的损耗率，一般为3~10。一般标准壁纸每卷可铺5.2m^2。

而K值的大小与下列因素有关：

1.壁纸图案大小。大图案拼缝对花复杂，所以比小图案的利用率低，因而K值略大；需要对花的图案比不需要对花的图案利用率低，K值略大。

2.裱糊面的性质。裱糊面复杂的要比普通平面需用壁纸多，K值高。

3.裱糊方法。用拼缝法裱糊对拼接缝壁纸利用率高，K值小；用重叠裁切拼缝法裱糊壁纸利用率低，K值大。

由上面的公式可以看出，即使是同一房间，选用不同质地、不同花色的壁纸，用量都是不一样的。购买时，要详细咨询销售人员，确定完品种后再计算用量。

镜面陶瓷锦砖

黑镜装饰线

密度板雕花贴清玻璃

米色网纹大理石

泰柚木装饰线

米黄色网纹大理石

印花壁纸

米色玻化砖

浅米色网纹大理石

文化石饰面

车边银镜

中花白大理石

灰白色网纹玻化砖

装饰银镜

印花壁纸

米黄色大理石

铂金印花壁纸

皮革软包

装饰灰镜

铂金印花壁纸

羊毛地毯

胡桃木装饰横梁

墙面壁纸施工的注意事项

壁纸的施工，最关键的技术是防霉和对伸缩性的处理。

防霉的处理：壁纸张贴前，需要先把基面处理好，可以用双飞粉加熟胶粉进行批烫整平。待其干透后，再刷上一两遍清漆，然后再进行粘贴。

对伸缩性的处理：壁纸的伸缩性是一个老大难问题，要解决它，就得从预防着手，一定要预留0.5毫米重叠层，有一些人片面追求美观而把这个重叠层取消，这是不妥的。此外，应尽量选购一些伸缩性较好的壁纸。

泰柚木格栅

浅咖啡色网纹大理石

车边茶镜

密度板雕花

米色网纹玻化砖

羊毛地毯

肌理壁纸

云纹大理石

布艺软包

装饰银镜

仿古砖

皮纹砖

皮革软包

灰色亚光墙砖

印花壁纸

装饰硬包

印花壁纸

白枫木饰面板

肌理壁纸

米白色玻化砖

绯红网纹玻化砖

车边银镜

墙面壁纸铺贴的质量要求有哪些

1.壁纸粘贴牢固，表面色泽一致，不得有气泡、空鼓、裂缝、翘边、皱褶和斑污，视时无胶痕。

2.表面平整，无波纹起伏，壁纸与挂镜线、饰面板和踢脚线紧接，不得有缝隙。

3.各幅拼接要横平竖直，拼接处花纹、图案要相吻合，不离缝、不搭接，距墙面1.5米处正视，无明显拼缝。

4.阴阳转角垂直，棱角分明，阴角处搭接顺光，阳角处无接缝，壁纸边缘平直整齐，不得有纸毛、飞刺，不得有漏贴和脱层等缺陷。

米色网纹玻化砖

车边银镜

白色人造大理石

木纹大理石

密度板雕花贴银镜

镜面陶瓷锦砖

灰白色网纹玻化砖

装饰银镜

泰柚木饰面板

米色网纹大理石

仿古砖

羊毛地毯

印花壁纸

茶色镜面玻璃

白枫木格栅

皮纹砖

米色玻化砖

印花壁纸

艺术地毯

不锈钢条

米白色亚光玻化砖

白桦木饰面板

皮革软包

如何处理墙面壁纸起皱

起皱是最影响裱贴效果的，其原因除壁纸质量不好外，主要是由于出现褶皱时没有顺平就赶压刮平所致。施工中要用手将壁纸舒展平整后才可赶压，出现褶皱时，必须将壁纸轻轻揭起，再慢慢推平，待褶皱消失后再赶压平整。如出现死褶，壁纸未干时可揭起重贴，如已干则撕下壁纸，基层加以处理后重新裱贴。

印花壁纸

羊毛地毯

密度板雕花贴银镜

米白色洞石

泰柚木装饰线

装饰硬包

印花壁纸

米色网纹大理石

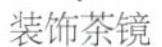

装饰茶镜

陶瓷锦砖

米白色玻化砖

羊毛地毯

银镜装饰线

印花壁纸

黑色烤漆玻璃

布艺软包

装饰硬包

米白色洞石

不锈钢条

皮纹砖

车边银镜

实木地板

米色网纹大理石

黑白根大理石

深咖啡色网纹大理石　米黄色洞石

密度板雕花贴银镜

印花壁纸

车边银镜

米色网纹玻化砖

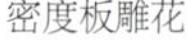
密度板雕花

米色玻化砖

中花白大理石

胡桃木饰面板

黑镜装饰线

仿古砖

如何避免墙面壁纸出现气泡

壁纸出现气泡的主要原因是胶液涂刷不均匀，裱糊时未赶出气泡。施工时为防止漏刷胶液，可在刷胶后用刮板刮一遍，以保证刷胶均匀。如施工中发现气泡，可用小刀割开壁纸，放出空气后，再涂刷胶液刮平，也可用注射器抽出空气，注入胶液后压平，这样可以保证壁纸贴得平整。

白桦木饰面板

米黄色网纹大理石

米色玻化砖

印花壁纸

灰白色网纹玻化砖

桦木装饰线密排

印花壁纸

艺术地毯

白桦木饰面板

米色玻化砖

中花白大理石

米色网纹玻化砖　中花白大理石

米色云纹大理石

文化石贴面

米色玻化砖

白枫木格栅

密度板拓缝

装饰硬包

聚酯玻璃

米色亚光墙砖

车边银镜

如何处理墙面壁纸离缝或亏纸

壁纸离缝或亏纸的主要原因是裁纸尺寸测量不准、铺贴不垂直。在施工中应反复核实墙面实际尺寸，裁割时要留10~30毫米余量。赶压胶液时，必须由拼缝处横向向外赶压，不得斜向或由两侧向中间赶压，每贴2~3张后，就应用吊锤在接缝处检查其垂直度，及时纠偏。发生轻微离缝或亏纸，可用同色乳胶漆描补或用相同壁纸搭茬贴补，如离缝或亏纸较严重，则应撕掉重裱。

米色玻化砖

强化复合木地板

印花壁纸

云纹大理石

白桦木饰面板

铁锈黄大理石

印花壁纸

白枫木装饰线

泰柚木饰面板

灰白色网纹玻化砖

泰柚木地板

米白色洞石

实木地板

印花壁纸

车边灰镜

泰柚木饰面板

装饰硬包

不锈钢条

黑白根大理石　　黑色烤漆玻璃

米黄色洞石　　车边茶镜

强化复合木地板

水曲柳饰面板

米色网纹大理石

如何选购木纤维壁纸

1.闻气味：打开壁纸的样本，特别是新样本，凑近闻其气味，木纤维壁纸散出的是淡淡的木香味。如果几乎闻不到气味，或有异味的绝不是木纤维。

2.用火烧：这是最有效的办法。木纤维壁纸在燃烧时不会产生黑烟，燃烧后的灰尘也是白色的。如果冒黑烟、有臭味，则有可能是PVC材质的壁纸。

3.做滴水试验：这个方法可以检测其透气性。在壁纸背面滴上几滴水，看是否有水汽透过纸面，如果看不到，则说明这种壁纸不具备透气性能，绝不是木纤维壁纸。

4.用水泡：把一小部分壁纸泡入水中，再用手指刮壁纸表面和背面，看其是否褪色或泡烂。真正的木纤维壁纸特别结实，并且因其染料是从鲜花和亚麻当中提炼出来的纯天然成分，不会因为被水泡而脱色。

木纹玻化砖

灰白色网纹玻化砖

车边茶镜

强化复合木地板

印花壁纸

木纹玻化砖

黑镜装饰线

米色玻化砖

黑色烤漆玻璃

车边银镜

混纺地毯

米黄色网纹玻化砖

皮革软包

皮纹砖

黑色烤漆玻璃

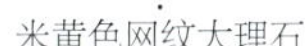

米黄色网纹大理石

皮革软包吊顶

白色玻化砖

水曲柳饰面板

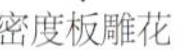

密度板雕花

装饰硬包

米黄色洞石

水曲柳饰面板

怎样选购无毒壁纸

消费者在选购壁纸时，除了应考虑壁纸色调的相融性、图案的搭配、与家装整体风格的搭配外，更主要的是考虑其环保性能。一般来说，木纤维壁纸和加强木浆壁纸都是用木材等制成的，透气性和环保性能均较好，是健康家居的首选。但是，消费者在购买壁纸时，切不可轻信“进口”或有“环保绿色证书”就是好产品，而应将鼻子贴近产品，如果闻不到怪味，才可放心选购。

米色玻化砖

水曲柳饰面板

装饰罗马柱

镜面陶瓷锦砖

抛光墙砖拼花

强化复合木地板

装饰银镜

艺术墙砖

密度板雕花贴银镜

米黄色亚光玻化砖

实木地板

皮革软包

白色亚光墙砖　　仿古砖

灰白色网纹玻化砖

桦木格栅

镜面陶瓷锦砖

石膏板异形吊顶

如何选购乳胶漆

1.用鼻子闻：真正环保的乳胶漆应是水性、无毒、无味的，所以当你闻到刺激性气味或工业香精味，就不能选择。

2.用眼睛看：放一段时间后，正品乳胶漆的表面会形成厚厚的、有弹性的氧化膜，不易裂；次品则会形成一层很薄的膜，易碎，具有辛辣气味。

3.用手感觉：用木棍将乳胶漆拌匀，再用木棍挑起来，优质乳胶漆往下流时会成扇面形。用手摸，正品乳胶漆应该手感光滑、细腻。

4.耐擦洗：可将少许涂料刷到水泥墙上，涂层干后用湿抹布擦洗，高品质的乳胶漆耐擦洗性很强，而低档的乳胶漆只擦几下就会出现掉粉、露底的褪色现象。

5.尽量到重信誉的正规商店或专卖店去购买，购买国内或国际知名品牌。选购时认清商品包装上的标识，特别是厂名、厂址、产品标准号、生产日期、有效期及产品使用说明书等。购买后一定要索取购货发票等有效凭证。

胡桃木地板

米色玻化砖

白色人造大理石

红樱桃木饰面板

黑镜装饰线